99 6001-4
99 5302-4
TEMPEL/97

Auf schmalem Gleis zum Brocken
Auf großer Spur in Wiehe

Franz Rittig

Wolfgang Herdam Fotoverlag

Titelfoto: *Wenn die Brockenspitze wieder einmal wolkenverhangen ist, lohnt sich eine Fahrt zu ihrem Modell in der Rankestadt Wiehe. Wind- und wettergeschützt kann der Besucher hier die Harzromantik in aller Ruhe im Maßstab 1 : 22,5 genießen.* *Foto: Rainer Albrecht*

Rücktitel: *Am Abend des 31.01.1991 kehrte eine 99 nach einem anstrengenden Einsatztag in den Hasselfelder Lokschuppen zurück. Rolf Houben fotografierte das reizvolle Spiel zwischen der Abendsonne und dem Abdampf aus der Remise.*

Vorsätze:
Ranke-Denkmal in der Stadt Wiehe, Doppelausfahrt in Alexisbad
(Wandgemälde: Hans Tempel, Fotos: Rainer Albrecht)
Gleisplan der Großanlage in Wiehe

Bildlegenden:
nach Angabe und Mithilfe der Bildautoren von Wolfgang Herdam
und Franz Rittig

Verlag:
Wolfgang Herdam Fotoverlag, Bahnhofstraße 32,
D-50389 Wesseling/Rhein, Tel./Fax: 02236/82953

Wolfgang Herdam Fotoverlag

Herstellung:
Druckerei Möbius, Artern

ISBN 3-933178-00-2

Vorwort

Seit vielen Jahren ziehen die schmalspurigen Bahnen im Harz Touristen und Eisenbahnfreunde in ihren Bann. Längst gehört eine Fahrt mit der Dampfbahn auf den Brocken zum Pflichtprogramm. Ob es die Dampfloks sind, der sagenumwobene Brocken oder die Summe aus beidem, was die Züge füllt, vermag wohl kaum jemand schlüssig zu beantworten.
Jedenfalls regte die einmalige Atmosphäre der Harzbahnen immer wieder dazu an, die kleinen, kräftigen Lokomotiven und die Vielfalt der Personen- und Güterwagen im Modell nachzugestalten. In nahezu allen Baugrößen stehen Modellbahnern und Sammlern perfekt gestaltete Loks und Wagen aus dem Harz zur Verfügung. Doch nur wenige wagten sich bisher an den Versuch heran, die kleine Welt der meterspurigen Harzbahnen in einem großen Anlagenmodell zu verwirklichen.
Als es sich im Sommer 1997 unter den Harzbahn-Fans allmählich herumsprach, daß in dem kleinen Städtchen Wiehe im Tal der Unstrut ein landschaftliches Großmodell der Harzquer-, der Brocken- und der Selketalbahn entstünde, schüttelten manche Modellbahn-Experten ungläubig die Köpfe: Die Harzbahnen im Maßstab 1 : 22,5? Wie soll das gehen? Doch seit dem 7. November 1997 existiert dieses Modell, man kann es besichtigen und wird erstaunt feststellen, wie selbst die „großspurige" Baugröße G vermag, die „Faszination Harzbahnen" widerzuspiegeln.
Mit diesem Buch unternehmen Verlag, Autor, die Fotografen von Vorbild und Modell sowie ein Maler und Grafiker erstmals den Versuch, die Harzbahnen und ihr bisher größtes Modell in Wort und Bild zu vereinen. Wen der Harz und seine Eisenbahn magisch anziehen, der dürfte voller Spannung erwarten, was ihm die kleine Harzbahn-Landschaft in Wiehe so bietet.
Und wenn ein Besuch in Wiehe dazu anregt, die großen Vorbilder zwischen Selketal und Brocken vor Ort zu erleben, dann hat dieses Buch mit dazu verholfen, bemerkenswerten Denkmälern der Technikgeschichte neue Sympathien einzubringen.
Mir bleibt an dieser Stelle der Dank an alle Freunde, die zum Gelingen des Bildbandes beitrugen; besonders danke ich Rainer und Thomas Albrecht, Wolfgang Herdam, Hans-Jörg Stiegler und Hans Tempel.

Dr. sc. Franz Rittig

An diesem Buch wirkten mit:

Rainer Albrecht, Gerhard Bank, Jürgen Hörstel, Rolf Houben, Michael Hubrich, Günter Scheibe, Hans-Jörg Stiegler, Bernd-Oliver Sydow, Hans Tempel, Georg Wagner, Christoph Weinkopf

Nach einer markanten Szenerie der Harzquerbahn gestaltete der Maler Hans Tempel den Eingangsbereich des Modellbahn-Bahnhofes Wiehe/Thür. Das beleuchtete Dreilichtspitzensignal der Lokomotive rundet das Motiv perfekt ab. Foto: R. Albrecht

Inhaltsverzeichnis

Faszination Harzbahnen	7
Die Gestalt auf einem Bein	12
Unter Rekordverdacht	14
Der Wende-Trick	20
Am Eselskrug	28
Großspurig zum Brocken	35
Wer’s kann, braucht nicht zu hexen	42
Doppelkorn und Kommißbrot	51
Am Ende der Anfang	67
Der Steckbrief	80

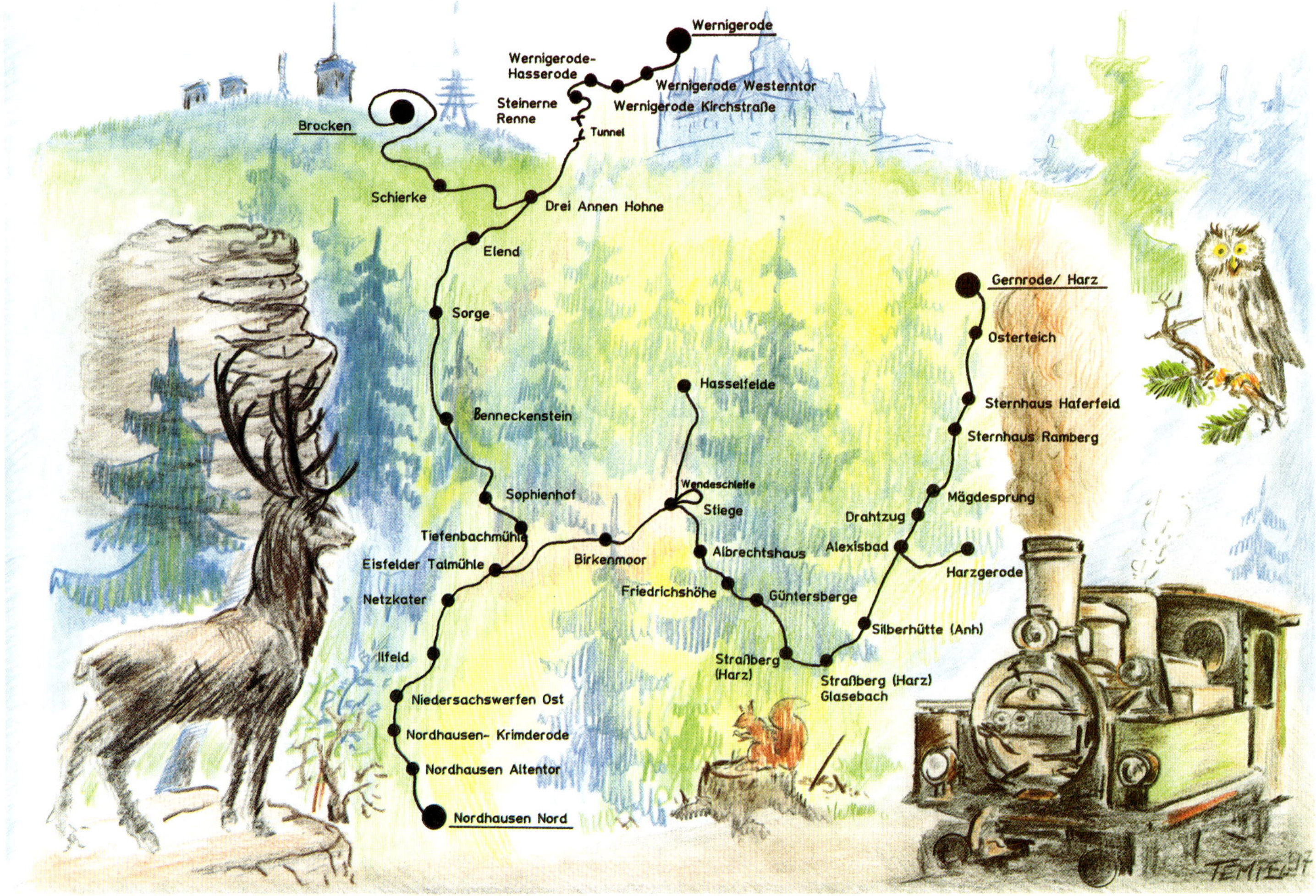

Streckennetz der Harzer Schmalspurbahnen GmbH — *Zeichnung: Hans Tempel*

Faszination Harzbahnen

„Bald empfing mich eine Waldung himmelhoher Tannen, für die ich in jeder Hinsicht Respekt habe... Hier und da liegen Steine, gleichsam ein Tor bildend, übereinander. Spielend flimmern hin und her die lustigen Sonnenstrahlen, die sinnigen Kräutlein erzählen sich grüne Märchen, es ist alles wie verzaubert, es wird immer heimlicher und heimlicher...“

Als der Dichter Heinrich Heine im frühen 19. Jahrhundert diese Zeilen niederschrieb, stand er völlig im Banne eines Erlebnisses, das bis auf den heutigen Tag nichts von seiner Romantik, nichts von seiner unverwechselbaren Atmosphäre verloren hat: einer Reise durch den Harz, Deutschlands nördlichstes Mittelgebirge.

Wer einmal die in ihrem Flußbett unter schroffem Fels scheinbar kochende Bode erlebte, wer einen Bummel durch Wernigerode, die bunte Stadt am Harz unternahm, wer je das Bergmassiv des Brockens in der Ferne dämmern sah, kehrt immer wieder gern hierher zurück.

Doch was den Harzreisenden seit alters her romantisch erschien, bescherte den Bewohnern dieses rauhen, bisweilen unwirtlichen Gebirges manche Sorge, oft gar existentielle Not: Den an Bodenschätzen, Holz und Wild reichen Bergen und Tälern fehlte es an gut ausgebauten Verkehrswegen. Denn nur sie konnten Handwerk, Wirtschaft, Handel und Fremdenverkehr dauerhaft beleben.

Längst war das Harzmassiv von Eisenbahnlinien umspannt, da mühten sich immer noch Pferdefuhrwerke über das Gebirge, da erklang noch immer das Posthorn in den Tälern. Selbst ein 1866 in Benneckenstein gebildetes Eisenbahn-Baukomitee blieb einstweilen ohne Erfolg. Doch die Idee, den Harz von Nord nach Süd, am besten von Wernigerode nach Nordhausen per Schienenstrang zu überqueren, hatte sich unwiderruflich festgesetzt.

Als die regelspurige Halberstadt-Blankenburger Eisenbahn 1886 ihr Streckennetz bis Tanne ausdehnte und im Jahr darauf die meterspurigen Züge der Gernrode-Harzgeroder Eisenbahn rüstig bergan dampften, erhielten die alten Pläne neue Nahrung. Kluge Köpfe mit Weitblick empfahlen wiederum, die gewünschte „Harzquerbahn“ durch eine Stichbahn hinauf zum Brocken zu ergänzen. Allerdings sollte noch ein Jahrzehnt vergehen, bis endlich im Juli 1897 wenigstens die südliche Teilstrecke Nordhausen – Ilfeld der geplanten Meterspur-Bahn über den Harz eröffnet werden konnte. In Wernigerode stritt man derweil um den Streckenverlauf, um die Grundstücke und das liebe Geld.

Auch der sagenumwobene, oft als feindseelig empfundene Brocken ließ sich vom Schienenstrang nur schwer erobern. Natürliche und selbsternannte Wächter gaben den einsamen, baumlosen „Blocksberg“ nur widerwillig frei. Während italienische, jugoslawische und bayerische Eisenbahn-Bauarbeiter im Oberharz gegen Granitblöcke, schwankende Moorböden, Nebelbänke

und Sturmböen ankämpften, erboste sich der Botaniker Bley: *„Es wäre in der Tat zu bedauern und ein harter Schlag für die Romantik dieses Berggebietes, wenn der Plan einer Brockenbahn zur Ausführung käme."* Doch schließlich triumphierte der Pioniergeist der Technik.
1899 fuhren die ersten Züge von Nordhausen nach Wernigerode und von Drei-Annen-Hohne über Schierke zum Brocken. Fasziniert berichteten Zeugen des denkwürdigen Geschehens von einer neuen Zeit, die sie nun auch für ihre Heimat, den Harz, anbrechen sahen.
Heute, einhundert Jahre später, haben die Harzquer- und die Brockenbahn nichts von ihrer Faszination verloren. Die einst vom Botaniker Bley befürchtete Zerstörung der Romantik blieb aus. Eher läßt sich vom Gegenteil berichten, denn längst empfindet man die Schmalspurstrecken zwischen Wernigerode und Nordhausen als Musterbeispiele dafür, wie harmonisch Landschaft und Eisenbahn zu einem Ganzen miteinander verschmelzen – was wäre die Romantik des Harzgebirges ohne die Dampfeisenbahn?
Auch die ebenfalls meterspurige Selketalbahn, gewissermaßen die ältere Schwester der Harzquerbahn, bietet Eisenbahnromantik pur. Ihre Stammstrecke von Gernrode nach Harzgerode ging 1888 in Betrieb. 1892 folgte eine Zweigstrecke von Alexisbad über Güntersberge nach Hasselfelde. Um dem Gebiet um Hasselfelde und Stiege eine wirtschaftliche Verkehrsverbindung nach Nordhausen zu ermöglichen, baute man in den Jahren von 1904 bis 1905 eine Verbindungsbahn zur Nordhausen-Wernigeroder Eisenbahn.
Die neue Bahnlinie zweigte in Stiege ab und führte durch den dichten, fast düsteren Nadelwald des Behretals zur Station Eisfelder Talmühle hinab, wo ein vielgleisiger Gemeinschaftsbahnhof mit der Harzquerbahn entstand. Nun gab es im östlichen Teil des Harzes sowie im Oberharz ein geschlossenes, meterspuriges Eisenbahnnetz, das Handwerk und Gewerbe voranbrachte, kleine Industriebetriebe entstehen und den Fremdenverkehr florieren ließ.
Auch die Selketalbahn vermittelt bis heute echte Harzbahn-Atmosphäre. Nicht nur mit ihren Laubwäldern unterscheidet sie sich jedoch vom Fluidum der Harzquer- und Brockenbahn. Wer einmal erlebte, wie mühsam die keuchende Mallet-Lok ihren Zug das Ramberg-Massiv zur Station Sternhaus-Ramberg hinaufbrachte, wer einmal per Dampfbahn die engen Felsdurchbrüche bei Drahtzug vor Alexisbad passierte, dem bleiben die Eigenheiten dieser Strecke gewiß in unverwechselbarer Erinnerung. Selbst eine Fahrt über die Hochebene zwischen Stiege und Hasselfelde, mit dem Brockenmassiv im Dämmer der Ferne, bietet jene eigentümliche Romantik, wie man sie nur im Harz erleben kann.

Weit vor dem Morgengrauen beginnt der Dienst der Eisenbahner. Bei Sonnenaufgang des noch jungen 2. Februar 1991 waren die 99 7237 und ein „Harzkamel“ in Nordhausen Nord schon einsatzbereit. *Foto: Rolf Houben*

Der Winterfahrplan 1990/91 wies die Abfahrt des ersten Zuges ab Gernrode um 6:03 Uhr aus. Am 24.10.1990 war die 99 7235 Zuglok des P 14461 zur Eisfelder Talmühle, den Michael Hubrich vor Straßberg im ersten Morgenlicht erwartete.

Den Schmalspurbahnhof Nordhausen Nord der thüringischen Kreisstadt verließ der erste Zug um 6:51 Uhr. Der Sonnenaufgang am 30.01.1993 bei Ankunft des P 8970 in Stiege verspricht einen herrlichen Tag im Harz! *Foto: Georg Wagner*

Die Gestalt auf einem Bein

Spätherbst 1989. Der Mann am Steuer schaute erwartungsvoll durch die großen Frontscheiben seines Wagens. Draußen war es diesig, naßkalt. Längst hatten die meisten Laubbäume ihre herbstlich bunte Pracht verloren. Dieser Harz, dachte der Mann, macht seinem Ruf alle Ehre: Unwirtlich und rauh begrüßt er seine Gäste. Langsam rollte der Pkw die Straße entlang, dem Bahnhof Alexisbad entgegen. Rechts neben dem Straßenrand verliefen zwei Gleise, das hintere stieg allmählich an. Eigentlich nichts Besonderes.
Doch der Mann im Auto sah das anders. Wegen dieser Gleise war er hierher gekommen, hatte die Schlagbäume einer noch kurz zuvor schier unüberwindlichen Grenze passiert. Erwartungsvoll und dennoch ganz in Gedanken erblickte der Mann plötzlich eine merkwürdige Erscheinung: Vor ihm stand eine Gestalt auf einem Bein. Da sie ihm den Rücken zukehrte, blieb zunächst verborgen, welchem Zweck das Gestell diente, hinter dem die

Zeichnung: Hans Tempel

Gestalt nun sogar das Standbein wechselte. Unser Mann hielt, stieg aus und näherte sich der eigentümlichen Szene. Das Gestell entpuppte sich als Kamera-Stativ, die Gestalt als Fotograf, dem auf dem kalten Asphalt die Füße froren.
„Please, don't disturb! Two steam trains will leave the station at the same time!“ ließ sich die Gestalt vernehmen und hob, warnend und bittend zugleich, die linke Hand. Aha, ein Engländer, dachte unser Mann. Seinen Worten zufolge mußten hier gleich zwei Dampfloks in voller Aktion zu bestaunen sein.
Ein optisch wie akustisch faszinierendes Ereignis kündigte sich an: Aus dem nahen Bahnhof Alexisbad ertönten zwei kurze Pfiffe. Dann kamen sie! Dampfend, zischend und schnaubend erschienen im leichten Linksbogen der Bahnhofsausfahrt die wuchtige, siebenachsige Maschine mit der Nummer 99 7244 und die eher zierlich wirkende Mallet-Lokomotive 99 5906. Auch heute klappte die Regie der schwarzen Männer auf den Führerständen wieder vor-

Am 01.06.1984 drückte Rolf Houben auf den Auslöser, als die Mallet-Lok 99 5904 Richtung Straßberg und 99 6001 nach Harzgerode gleichzeitig Alexisbad verließen.

züglich: Als wären sie unsichtbar miteinander verbunden, fuhren die Lokomotiven absolut parallel nebeneinander her; keine der beiden Maschinen wagte sich auch nur eine Nasenlänge voraus. Dann wichen die Schienenstränge voneinander ab. 99 7244 dampfte mit ihrem Drei-Wagen-Train in einem Linksbogen die Steigung nach Harzgerode hinauf, während 99 5906 mit ihrem Zug durch das Selketal gen Stiege rollte. Nachdem die Rauchfahnen im Dunst des diesigen Novembertags verflogen waren, erinnerten lediglich die fernen Abdampfschläge der beiden Maschinen an die eindrucksvolle Doppelausfahrt von Alexisbad.
Als unser Mann, ganz unter dem Eindruck des Erlebten, wieder in seinem Auto saß, kam ihm eine fantastische Idee: Wie wäre es, so überlegte er, diese einmalige Szenerie im Modell festzuhalten? Und zwar so, wie er sie eben sah, mit dem Foto-Fan am Schienenstrang.
Ein paar Jahre vergingen. Noch sehr oft und ebenso gern erinnerte sich der Harzbahn-Fan Hans-Jörg Stiegler an das Erlebnis in Alexisbad. Auch seine Idee konnte er nicht vergessen. Als dem gebürtigen Hessen das Bundesland Thüringen und das unmittelbar benachbarte Sachsen-Anhalt zur zweiten Heimat wurden, rückte der Gedanke von der schmalspurigen Harzbahn im Modell in greifbare Nähe.
Bevor der Bau beginnen konnte, waren zumindest zwei Fragen zu klären:
Wo sollte das Großmodell stehen, und wer bot die hohe fachliche Kompetenz, ein solches Vorhaben zu verwirklichen?

Unter Rekordverdacht

Im thüringischen Wiehe, das malerisch im Tal der Unstrut unweit vom Südharz liegt, fand Hans-Jörg Stiegler, was er schon lange suchte: ein geeignetes Grundstück und die Scheune einer ehemaligen LPG. Aus dem einstigen Strohdomizil sollte nach dem Willen des Eisenbahnfreundes ein richtig großes Modellbahn-Eldorado werden.
Aber warum ausgerechnet Wiehe, die Kleinstadt ohne Bahnhof? Noch heute fällt Hans-Jörg Stieglers Antwort eindeutig aus: „Hier, auf halbem Weg zwischen dem Naumburger Dom und dem Barbarossa-Denkmal auf dem Kyffhäuser, liegt eine Art touristisches Niemandsland. Zu Unrecht. Denn die Gegend hätte den Fremdenverkehr durchaus verdient. Also mußte etwas Außergewöhnliches her.“ Ironisch fügt er hinzu: „Und weil es den Eiffelturm schon gibt, entschied ich mich für den Bau der größten Modellbahnanlage Europas.“
Zu dem beispiellosen Vorhaben, das Eisenbahnland Thüringen im Maßstab 1 : 87 nachzugestalten, gesellte sich bald die alte, aber noch immer wache Idee vom Großmodell der schmalspurigen Harzbahnen.

Romantische Brockenbahn: Die Ausflügler genießen den warmen Sommerabend, während 99 6001 auf die Rückfahrt nach Drei-Annen-Hohne wartet. *Foto: Rainer Albrecht*

Die Suche nach geschäftlichen Partnern und Fachleuten für den Bau und den Betrieb der beiden Modellbahnanlagen fiel indes eher entmutigend aus. Auf der Messe „Modell & Hobby“ im Herbst 1996 in Leipzig traf Hans-Jörg Stiegler zwar viele freundliche Zuhörer, doch manche lächelten ihn mitleidig an. Der Mann aus Wiehe aber gab nicht auf. Schließlich fand er in Günther Feuereißen aus dem vogtländischen Plauen einen Verbündeten, der vor dem Harzbahn-Projekt nicht zurückschreckte.
Der Name Feuereißen besitzt unter Eisenbahnfreunden und Modelleisenbahnern einen guten Ruf. Seit frühester Kindheit beschäftigte sich der gelernte Elektroinstallateur mit der Modelleisenbahn. Seiner Feder entstammen zahlreiche Publikationen über die große Eisenbahn sowie zum Bau und zum Betrieb von Modellbahnanlagen. Mit seinen Bildbänden beweist der Eisenbahnfotograf Feuereißen schon seit Jahren den richtigen Blick fürs Vorbild. Immer wieder zog es auch ihn, den Vogtländer, in den Harz. Immer wieder erlag auch er der Faszination der schmalen Schienenwege zwischen Selketal und Brocken.
Angesichts der in Wiehe gewünschten Dimensionen beschlichen ihn dann aber doch leichte Zweifel. Freimütig gestand er später: „Dieses Projekt war auch für mich durchaus ein Risiko, denn bislang gab es keine vergleichbar ausgeführte Modellanlage von derartiger Größe.“ Dennoch sagte er zu – und geriet unter Rekordverdacht: In nur 14 Tagen entwickelte Günther Feuereißen das Projekt „Harzquer- und Brockenbahn sowie Selketalbahn in der Baugröße G, Maßstab 1 : 22,5“.
Die Wahl der Baugröße und damit der Spurweite von 45 Millimetern folgte nicht nur dem Gedanken, eine Alternative zur benachbarten H0-Großanlage zu bieten. Mit von der Partie war auch die Überlegung, durch die Größe der Lok- und Wagenmodelle das Erlebnis Harzbahn für die Besucher so unmittelbar wie möglich zu gestalten. Die von der Nürnberger Firma LEHMANN-GROSS-BAHN (LGB) angebotenen Lokomotiven mit ihrer täuschend echten Geräuschentwicklung sollten die wirklichkeitsnahe Gesamterscheinung der Anlage so effektvoll wie möglich unterstützen.
Zudem bot der Hersteller genau das, was solche Anlagen brauchen: stabile Gleise, funktionssichere Weichen und robuste Fahrzeuge. Sowohl dem Auftraggeber als auch dem Erbauer war von Anfang an klar, daß es beim Bau und beim späteren Betrieb nicht ohne Kompromisse abgehen würde. Doch die Vorteile der Baugröße G, das gesunde Herz der LGB-Loks, die siebenpoligen Motoren und die vollständig gekapselten Getriebe, zudem die Austauschbarkeit des einen oder anderen Verschleißteils, räumten schließlich auch letzte Zweifel aus.
So begann das Ehepaar Günther und Gudrun Feuereißen im Frühjahr 1997 mit der Arbeit. Ihr Projekt sah vor, die bekanntesten Motive der schmalspurigen Harzbahnen auf zwei großen G-Anlagen mit einer Grundfläche von rund 350 Quadratmetern nachzugestalten. Auf zwei Schwerpunkte legte Hans-Jörg Stiegler besonderen Wert: Die wildromantische Strecke von Drei-Annen-Hohne über Schierke hinauf zum Brocken war unbedingt darzustellen, und im späteren Betrieb durfte auf keinen Fall die Doppelausfahrt von Alexisbad fehlen. Günther Feuereißen kalkulierte 2830 Arbeitsstunden. Er irrte sich nicht; tatsächlich brauchte die Familie 2880 Stunden.

Der Bahnhof Wernigerode-Westerntor bildet das betriebliche Zentrum der Harzquer- und Brockenbahn. Das Fachwerkhaus links beherbergt den berühmten „Eselskrug"; der Tor-Turm gab der Umgebung seinen Namen. Sämtliche Gebäude entstanden vorbildgetreu in der Werkstatt Feuereißen. *Foto: Rainer Albrecht*

Bei der Fahrt durch die Kirchstraße in Wernigerode gilt es, Qualm zu vermeiden. Behutsam beschleunigte deshalb das Personal der bestens gepflegten 99 7321 am 12.04.1991 den P 14407 aus dem Haltepunkt. *Foto: Michael Hubrich*

Am 01.05.1995 passierte die 99 7222 mit dem Personenzug P 8909 vor der St.-Marien-Kirche die blühenden Bäume und Sträucher zwischen Wernigerode-Westerntor und dem Haltepunkt Kirchstraße. *Foto: Wolfgang Herdam*

Der Wende-Trick

Bevor die ersten Züge auf einer guten Modellbahn-Anlage rollen, sind solide Arbeit, Geschicklichkeit und Einfallsreichtum gefragt. Bisweilen fließt sogar der Schweiß. Wer sich im Anlagenbau auskennt, weiß um die Bedeutung eines soliden Unterbaus. Mit einer Span- oder Sperrholzplatte ist es nicht getan, denn die fertige Anlage soll stabil, verwindungsfest und trotzdem leicht sein.

In Wiehe kam ein weiteres Problem hinzu: Was kann man tun, wenn – trotz aller Qualitätsarbeit – irgendwo im hinteren Bereich der Gleisanlagen, dort, wo auch der längste Arm nicht hinreicht, doch einmal ein Zug entgleist? Die LGB-Gleise erfreuen sich des guten Rufs, trittfest zu sein. Wen das Schicksal trifft, die „Unfallstelle" zu beräumen, der könnte ja, so die Überlegung des Erbauers, wie ein Streckenläufer beim großen Vorbild über die Gleise dorthin gelangen. Mithin war ein hochstabiler Unterbau vonnöten, der die nicht minder tragfähigen Trassen für die Gleise stützen mußte.

Diese Überlegung Günther Feuereißens verlangte eine solide Holzkonstruktion. Am Ende waren es 4000 Meter Dachlatten, die er paßgerecht zuschnitt und mit 15 000 Schrauben zu einem soliden Stützsystem fügte. Mit seinen Pfosten, Riegeln und Diagonalstreben hielt die hölzerne Konstruktion sogar dem kritischen Blick eines geübten Fachwerk-Zimmermanns stand.

Gemäß des Gleisplanes folgte anschließend der Bau der Trassen, die das Planum für die Gleise bilden. Der Altmeister des Trassierens von Eisenbahnstrecken, Launhardt, bezeichnete dereinst den Trassenbau als große Kunst, gibt doch die Trasse, der Topographie geschickt angepaßt, den späteren Gleisverlauf mit seinen Steigungen, Neigungswechseln und Bögen vor. Gewiß fühlte sich Günther Feuereißen bei seiner Arbeit in Wiehe nicht als Trassierungs-Künstler, dennoch gelang ihm, was man die „Hohe Schule" des Modellbahn-Baus nennt: Mit Phantasie und geübtem Blick paßte er den Trassenverlauf einer Modell-Harzlandschaft an, die ja noch gar nicht existierte. Schließlich sollte der Eindruck entstehen, als sei der Streckenverlauf nach dem natürlichen Gelände entstanden, und nicht umgekehrt.

Die aus stabilen Tischlerplatten ausgesägten Trassenbrettchen wurden auf der Holzkonstruktion des Unterbaus befestigt. Anschließend begann die Gleisverlegung. Bevor es weiterging, folgte Abschnitt für Abschnitt eine Belastungsprobe. Als Günther Feuereißen eines Tages in der Rolle des Streckenläufers den Weg auf der spiralförmigen Strecke vom zukünftigen Bahnhof Drei-Annen-Hohne zum Brocken zurücklegte, da wußte er, daß seine Baumethode richtig war: Keine Latte brach, kein Trassenbrettchen riß, keine Leiste zeigte auch nur einen Spalt. So entsprach schließlich der Materialverbrauch exakt der Planung; bei beiden Anlagenteilen blieb es, wie vorausgesagt, bei 355 Quadratmetern Tischlerplatten und fünf Quadratmetern Sperrholz.

Schon in der Planungsphase bestand Klarheit, daß man die Harzquerbahn unmöglich in ihrer vollen Länge darstellen konnte. Auf den geschäftigen Betrieb in Wernigerode-Westerntor aber wollten weder Hans-Jörg Stiegler noch Günther Feuereißen

Bahnhof Drei-Annen-Hohne: Gleich fährt der Personenzug nach Nordhausen Nord aus. Zuglok ist die blaue Schlepptender-Maschine „Nicki + Frank S.“ *Foto: Rainer Albrecht*

verzichten. Ganz ähnliche Probleme bereitete der Bahnhof Drei-Annen-Hohne: Was wäre der Pendelverkehr zum Brocken ohne die Züge der Relation Wernigerode – Nordhausen? Vergleichbare Schwierigkeiten gab es auch mit dem durchgehenden Zugverkehr in den Stationen Eisfelder Talmühle und Alexisbad.

Der Bahnhof Stiege vermittelte eine brauchbare Anregung. Sein Vorbild hatte die Deutsche Reichsbahn beim Wiederaufbau des Streckenteils Straßberg – Stiege mit einer Wendeschleife ausgestattet. Insbesondere Güterzüge aus Richtung Eisfelder Talmühle durchfuhren diese Schleife, um ohne aufwendiges Umsetzen der Zuglokomotiven zum Kraftwerk in Silberhütte zu gelangen. Natürlich funktioniert das Ganze auch umgekehrt, was den Anlagenbauer auf eine Idee brachte, die sich für den geplanten Zugbetrieb als höchst fruchtbar erwies.

Wo immer es ging, vollzog Günther Feuereißen schließlich den Kunstgriff Wendeschleife. So fahren die Züge aus Wernigerode nach kurzem Halt in der Station „Steinerne Renne“ in den Tunnel am Thumkuhlenkopf ein, um nach geraumer Zeit in der Gegenrichtung wieder herauszukommen und nach Westerntor zurückzudampfen.

Auch auf den durchgehenden Gleisen von Drei-Annen-Hohne gibt es regen Betrieb. Immerhin stellt dieser Bahnhof eine Art Mittelpunkt der Harzquerbahn dar. Außerdem beginnt auf den Kopfgleisen der Pendelverkehr über Schierke zum Brocken. Hat die Aufsicht mit der roten Mütze den Abfahrauftrag erteilt, verschwindet der Zug nach Nordhausen im linken Tunnelportal, der Gegenzug dampft in den rechten Tunnelschlund hinein.

Erst nach einigen Augenblicken kommen die Züge aus ihren finsteren Gehäusen mit entgegengesetzter Fahrtrichtung wieder heraus und laufen in Drei-Annen-Hohne ein, wo sie erneut auf ihre Weiterfahrt warten. Zwar wiederholt sich nun der Vorgang, doch rollt jetzt alles in umgekehrter Reihenfolge ab. Wie das funktioniert? Ganz einfach: Der Trick heißt Wendestrecke.

Auf dem Anlagenteil gegenüber, wo es um den Betrieb auf der Selketalbahn, um den Südharz und um Nordhausen geht, funktioniert der Wende-Trick ebenfalls. Züge, die von Nordhausen nach Wernigerode wollen, verschwinden nach dem Passieren des Bahnhofs Eisfelder Talmühle in einer Tunnelstrecke, die sie erst nach Umrunden einer – freilich unsichtbaren – Wendestrecke in Richtung Nordhausen wieder verlassen.

Auch der Zugverkehr auf der Selketalbahn zwischen Alexisbad und Stiege unterliegt dem Wende-Trick. Aber diesmal gibt es einen Unterschied: Während die Wendeschleife im Tunnel rechts von Alexisbad der Phantasie entsprang, existiert die Wendeschleife bei Stiege ja auch beim großen Vorbild. Doch sind die originellen Wendetricks noch längst nicht alles, was in Wiehe auf 374 Metern Gleis, 81 Weichen und drei Kreuzungen abgeht.

Der Kohleverkehr zwischen Nordhausen und dem inzwischen stillgelegten Kraftwerk Silberhütte brachte die betriebliche Notwendigkeit mit sich, in Stiege eine Wendeschleife anzulegen. Im Bahnhof Eisfelder Talmühle warteten am 27.05.1989 die 99 7237 und 99 7232 vor dem Nahgüterzug 67092 auf Ausfahrt Richtung Stiege. *Foto: Rolf Houben*

Am Morgen des 06.01.1995 durchfuhr der P 8951 (Gernrode – Eisfelder Talmühle) die Wendeschleife in Stiege. In dem wolkenlosen Himmel hinterließ die 99 7239 deutlich sichtbare Spuren der „Wende-Fahrt". *Foto: Georg Wagner*

Neben der vorbildgetreuen Wendeschleife in Stiege bot der im dichten Wald liegende Thumkuhlenkopftunnel eine vorbildnahe Versteckmöglichkeit für eine lange Wendestrecke in Wiehe. – Am 26.02.1994 verließ der VT 1 den Vorbild-Tunnel zwischen Steinerne Renne und Drei-Annen-Hohne.
Foto: Christoph Weinkopf

Die Wendeschleife ist eine der Sehenswürdigkeiten in dem Harzörtchen Stiege und auf der Anlage in Wiehe. Kurz vor Sonnenuntergang umrundet der Personenzug nach Alexisbad eine Schafherde. *Foto: Rainer Albrecht*

Im Berg versteckt liegen unsichtbare Wendestrecken. Die große Malletlok 99 201 hat soeben „gedreht“ und behindert nun einen B 1000 auf seiner Fahrt durchs Selketal.
Foto: Rainer Albrecht

Modellbahnidylle am Westerntor. *Foto: Rainer Albrecht*

Am Eselskrug

Nach seinen Vorstellungen von gutem Anlagenbau befragt, antwortet der Mann aus Plauen:
„Für mich zählt die Wirkung!“ Günther Feuereißen weiß, was er da sagt. Die Landschaft, die von der Harzquer- und Brockenbahn en miniature durchfahren werden soll, modellierte er nicht zur persönlichen Befriedigung, sondern für ein Publikum, daß nur zum Teil aus kenntnisreichen Eisenbahn-Narren besteht. Mithin war eine Szenerie gefragt, die alle Besucher sofort mit dem Harz in Verbindung bringen.
Im Bahnhof Wernigerode-Westerntor schlägt das Herz der Harzquer- und Brockenbahn. Hier befindet sich das zentrale Bahnbetriebswerk, hier sind die Lokomotiven zu Hause, hier wartet man die Wagen. Das modern wirkende, aber doch zum Harz passende Empfangsgebäude stammt aus dem Jahre 1936. Wenn die Züge in Richtung Drei-Annen-Hohne abfahren, dampfen sie zunächst über die berühmte Westerntor-Kreuzung, vorbei an dem alten Torturm, der diesem Umfeld seinen Namen gab. Der Straßenverkehr muß solange warten.
Natürlich durfte auf der „kleinen“ Harzquerbahn in Wiehe die Szenerie von Wernigerode-Westerntor nicht fehlen. An vieles war zu denken: an den Torturm, an die kleine Apotheke, an den Kunstgewerbeladen der einstigen HO und vor allem an das Gasthaus „Eselskrug“. Alle Gebäude entstanden in mühevoller Kleinarbeit nach Originalfotos und im Maßstab 1 : 22,5. Stück für Stück gelang es schließlich, die kleine Welt am Eselskrug zu modellieren.

Vor dem Abendzug P 14409 passierte die 99 7236 am 17.03.1989 läutend und pfeiffend die Kreuzung vor dem Westerntor in Wernigerode. *Foto: Bernd-Oliver Sydow*

In Wernigerode rangiert 99 4712. Das Vorbild dieses LGB-Modells, die berühmte österreichische Reihe U, lieferte die Lokomotivfabrik Krauss in Linz/Donau bereits 1899. *Foto: Rainer Albrecht*

Vor dem alten Lokschuppen in Wernigerode wartete die angeheizte 99 7246 am 13.04.1985 auf den nächsten Einsatz in den Harz, die 99 6101 auf Aufnahme in die Werkstatt. *Foto: Gerhard Bank*

Abfahrbereit nach Steinerne Renne: der Güterzug mit Personenbeförderung (GmP) am Bahnsteig 1 in Wernigerode-Westerntor. An der Spitze die Diesellok 251 903 der Deutschen Bundesbahn. *Foto: Rainer Albrecht*

Selbst die Anlagen des Bahnbetriebswerkes hinterlassen mit ihren Gleisen und Weichen, der Drehscheibe, der Bekohlung, dem Lokschuppen und der Werkstatt einen erstaunlich vorbildnahen Eindruck. 99 4712 verschiebt gerade einen Dienstwagen. Auch die nahe Brauerei – sie liefert das bei den „Sportschau"-Zuschauern inzwischen wohlbekannte „Hasseröder" – besitzt noch immer einen Gleisanschluß. Auf ihm ist die winzige, zweiachsige Dampflok mit der Nummer 1411 unterwegs. Die Maschine – ihr Vorbild entstand bei Orenstein & Koppel – erinnert an die Anfangsjahre der Nordhausen-Wernigeroder Eisenbahn. Damals waren mit den Lokomotiven Nummer 1 bis 3 tatsächlich solche kleinen B-Kuppler in Wernigerode und in Nordhausen im Einsatz.
Auf der Strecke nach Steinerne Renne kündigt sich mit der Gmeinder-Diesellok 251 903 bereits die Zukunft an. Das große Vorbild dieses Brummers setzte die Deutsche Bundesbahn bis 1983 in Baden-Württemberg ein, doch die Loko-

Eine kleine, zweiachsige Naßdampflok mit der Nr. 1411 von Orenstein & Koppel leistet als Werklok der Brauerei Hasserode noch gute Dienste.

Foto: Rainer Albrecht

motive erinnert an die großen „Harzkamele", die Reichsbahn-Dieselloks der Baureihe 199. Unermüdlich zieht der rote Brummer, der eigentlich aus dem badischen Mosbach stammt, seinen Güterzug mit Personenbeförderung (GmP) in die Harzberge. Im Bahnhof Steinerne Renne finden regelmäßig Zugkreuzungen statt. Der Gegenzug zum GmP, er besteht aus drei reichsbahngrünen Personenwagen der Gattung KBi mit Oberlichtern und einem kurzen, ebenfalls grünen Packwagen, besitzt einen ganz besonderen Erinnerungswert. Das Vorbild der Lok 99 5633 kommt zwar aus dem Spreewald, war jedoch 1971 tatsächlich im Harz zu Gast. In den Werkstätten von Westerntor arbeitete man die kleine Maschine gründlich auf, setzte sie probehalber auf der Strecke über Steinerne Renne nach Drei-Annen-Hohne ein, um sie schließlich an die Museumsbahn Bruchhausen – Vilsen in Niedersachsen zu verkaufen. So erinnert der grüne Personenzug auf der Anlage in Wiehe an die kurze Episode mit der Spreewaldlok auf der Harzquerbahn.

Zu Gast im Harz: Die „Spreewaldguste" 99 5633 mit einem Personenzug aus KBi-Wagen bei Steinerne Renne.
Foto: Rainer Albrecht

Großspurig zum Brocken

Die vielleicht interessanteste Strekke führt – sozusagen auf der großen Spur von LGB – zum Brockenmassiv hinauf. Seit jeher ranken sich alle möglichen Geschichten um den „Blocksberg“. Jeder, der das oft nebelverhangene Meer von Felsblöcken und Steinen links und rechts der Vorbild-Brockenbahn gesehen hat, kann sich die mystische Sagenwelt des Harzgebirges leicht erklären.

Zwar lassen sich im Maßstab 1 : 22,5 nur schwerlich besenreitende Hexen und heulende Teufel nachgestalten, dennoch reizte es den Harzbahn-Fan Stiegler und den Anlagenbauer Feuereißen, die wildromantische Brockenbahn im Modell nachzugestalten.

Wie beim Vorbild, sollte die Strecke auf dem separaten Kopfgleis von Drei-Annen-Hohne beginnen und über Stiege und den Haltepunkt Goetheweg auf den kahlen Gipfel des höchsten Berges von Norddeutschland führen.

99 6001 hat Schierke verlassen und arbeitet sich nun mit ihrem Personenzug in Richtung Goetheweg vor. *Foto: Rainer Albrecht*

Gleich ist es geschafft! Nach anstrengender Bergfahrt hatte die 99 7231 am 20.07.1992 nur noch wenige hundert Meter bis zum Bahnhof Brocken zurückzulegen. *Foto: Günter Scheibe*

Während sich die Harztouristen am 31.10.1992 im Tal noch am herrlichen Herbstwald erfreuten, war der Brockengipfel bereits eine Jahreszeit voraus. Stiefel und dicker Wintermantel gehörten zur Ausrüstung des Eisenbahnfotografen Jürgen Hörstel.

Nachdem die Trasse ihre Stabilität bewiesen hatte und die Elektrik für den vollautomatischen Zugbetrieb funktionierte, wagte sich Günther Feuereißen an die Gestaltung der urwüchsigen Landschaft, in die natürlich auch die sogenannte Brockenspirale eingearbeitet wurde, heran. Mittels Holzspanten und fast 150 Quadratmetern Dekofließ entstand die Geländedecke. Dort, wo der nackte Fels zutage treten sollte, verhalfen Bauschaum aus der Druckflasche, ein wenig Spachtelmasse und etwas Farbe zu einem echt wirkenden Gesamteindruck.

Das Ganze mußte möglichst ohne Leim und Wasser auskommen, denn in der Halle herrschen bei Temperaturen von 10 bis 30 Grad Celsius Luftfeuchten von 20 bis 85 Prozent. Risse lassen sich nur vermeiden, wenn der Landschaftsbau leicht und elastisch bleibt. Während die Brockenlandschaft allmählich glaubhafte Gestalt annahm, ständerte Gudrun Feuereißen fast eintausend handelsübliche „Tännchen" zu großen Harz-Fichten auf.

Die Empfangsgebäude von Drei-Annen-Hohne und Schierke gestalteten die Feuereißens nach Originalfotos und Originalmaßen, denn nur so gelang es, den Wiedererkennungswert im Detail zu perfektionieren. Auch die Gebäude hoch oben auf dem Brocken entstanden nach Originalunterlagen. Dem Modell des futuristisch anmutenden Fernsehturms setzten sich freilich Grenzen, denn irgendwann war die Decke der Ausstellungshalle erreicht... Doch der Gesamteindruck überzeugte, die Modell-Rechnung ging auf.

Dann kam der Eröffnungstag der Brockenbahn in Wiehe. Erwartungsvoll stiegen die beiden Dampflok-Fans (nennen wir sie Hans-Jörg und Günther) in den Zug, der sie auf den Gipfel bringen sollte. Natürlich hatten sie sich zuvor den Train genau angesehen. Er bestand aus drei fast neuen, vierachsigen Reisezugwagen in der Farbkombination rot/elfenbein. Vorn und hinten am Zug wartete je eine kurze, aber kräftig ausschauende Dampflok auf das Signal zur Abfahrt. Seltsam – beide Maschinen trugen dieselbe Nummer! Sie lautete 99 6001 und verriet den Kennern, daß es sich eigentlich um eine nur einmal gefertigte Konstruktion der Firma Krupp handelte, die sich im harten Bergdienst schon seit Jahrzehnten bestens bewährte.

Die beiden Modell-Maschinen stammen allerdings aus Nürnberg und erwecken mit ihren elektronisch erzeugten Geräuschen den Eindruck, als bestünde ihre Seele tatsächlich aus einem System von Stahl, Feuer und Dampf. Mit einem Pfiff setzte sich der Zug in Bewegung. Deutlich hörte man die Abdampfschläge der Zug- und der Schiebelok. Bimmelnd wand sich die kleine Dampfbahn durch die krümmungsreiche Strecke, der Station Schierke entgegen. Dort angekommen, wartete die Fuhre auf den Gegenzug.

Der rollte, vom Brocken kommend, alsbald läutend und zischend auf dem Nachbargleis ein. Eifrig arbeiteten die Luftpumpen der beiden Maschinen. Nur die Tatsache, daß es sich schon wieder um zwei Loks mit der Nummer 99 6001 handelte, störte die fast perfekte Illusion ein wenig. Nun ja...

Bis an die Decke türmt sich das Massiv aus Bauschaum und Spachtelmasse! Die modellierte Brockenstrecke mit der typischen Felslandschaft steht für anspruchsvollen Anlagenbau. *Foto: Rainer Albrecht*

Eisenbahnromantik am Schierker Feuerstein: Die Abendsonne taucht die 99 6001 mit ihrem Zug vom Brockengipfel in ein stimmungsvolles Licht. *Foto: Rainer Albrecht*

Kaum hatte der Zug nach Drei-Annen-Hohne den Bahnhof Schierke wieder verlassen, ging auch die Reise zum Brocken weiter. Einem engen Rechtsbogen schloß sich eine lange, starke Steigung an. Die Landschaft wurde zunehmend felsig. Am Haltepunkt Goetheweg mit dem kurzen Rückdrückgleis wartete niemand. Unüberhörbar stampften die beiden 99er weiter, dem Gipfel des Harzriesen entgegen. Nach vorsichtiger Fahrt durch die engen Bögen der Brockenspirale endete die Tour in einem dreigleisigen Kopfbahnhof. Andächtig lauschten Hans-Jörg und Günther dem Deutschlehrer, der seiner Schulklasse soeben aus Goethes „Harzreise" vorlas: *„Alle Nebel lagen unten, und oben war herrliche Klarheit."* Klarheit besaßen jetzt auch die beiden Harzbahn-Fans, denn ihr Vorhaben konnten sie von nun an als gelungen betrachten.

Zugkreuzung im Bahnhof Schierke: In Wiehe entwickelte sich die Brockenbahn zum Eldorado der 1'C1'-Maschine(n).
Foto: Rainer Albrecht

Wer's kann, braucht nicht zu hexen

Schwer und naß hängen die Nebelschwaden über den Schienen. Knorrig, fast bizarr, recken sich die Krüppelfichten wie beschwörende Hände zwischen den wahllos verstreuten Steinblöcken hervor. Hier und da quillt schwarzer, bisweilen rötlichbrauner Moorboden wie aus einem riesenhaften Koch-Kessel nach oben. Manchmal liegt die Moorfläche höher als die Gleise der Brockenbahn. Die Spinnweben im Wollgras erinnern an bleiche Tücher.
Vorsichtig schreitet der alte Streckenläufer von Schwelle zu Schwelle, immer auf der Hut, auf dem nassen, glitschigen Holz nicht auszugleiten. Nein, der Alte mag den Nebel nicht. So lange, wie er hier oben Dienst tut, so wenig kann er sich an diese graue, undurchdringliche Stille gewöhnen. Natürlich weiß er, daß es – auch am Rande des gespenstischen Brockenmoores – weder Gespenster noch Hexen gibt. Dennoch bleibt ein ungutes Gefühl: Was mag da vorn, hinter der nächsten Nebelbank, auf ihn warten?
Der Alte erinnert sich einer rätselhaften Begebenheit, die schon Jahrzehnte zurückliegt, ihn jedoch noch heute erschauern läßt. Sein Weg auf dem Gipfel des Berges hatte ohne den gefürchteten Nebel begonnen. Doch je dichter das Meer der Gesteinsbrocken an den Schienenstrang heranrückte, desto unwirklicher erschien die Umgebung. Schließlich blockierte eine Nebelwand die Sicht. Irgendetwas großes, ja riesenhaftes schien sich darin zu bewegen. Erschrocken hielt er inne. Was, zum Teufel, narrte ihn da? Auch die gespenstische Silhouette schien zu verharren. Aber kaum setzte er seinen Weg fort, regte sich auch die Gestalt im Nebel. Lange, sehr lange brauchte er damals, bis er begriff, daß die seltsame Erscheinung nichts anderes war als sein eigener Schatten, riesenhaft von den Naturkräften auf die Nebelwand projiziert.
Jahrhundertelang beschäftigten die Rätsel des Harzgebirges seine Bewohner ebenso wie jene, die diese Bergwelt zu beschreiben suchten. Ein Leipziger Gelehrter namens Johann Praetorius (1630–1680) wußte zu schildern, wie sich der Tanz der Hexen am „Blocksberg“ genannten Brocken vollzog: *„Die Luft selbst wird unruhig und jagt im Wirbelwinde das Gewölk von Berg zu Berg.“* Traditionsbewußt und geschäftstüchtig, machte sich die Nordhausen-Wernigeroder Eisenbahn bereits 1901 die Sage vom Hexenritt in der Walpurgisnacht zunutze. Die Brockenbahn konnte wegen der stets schneereichen Winter zur damaligen Zeit nur jeweils zwischen dem 30. April und dem 15. Oktober betrieben werden. Ab 30. April 1901 wurde die Brockenbahnsaison jährlich zum gleichen Zeitpunkt durch einen „Walpurgis-Zug“ eröffnet. Von Hexen und Teufeln begleitet, fuhr eine bunte, lärmende Touristen-Truppe per Zug auf den Gipfel des Blocksberges und feierte in der rätselhaften Sagenwelt des Harzes ein rauschendes Fest, mit welchem der Frühling auf dem Brocken begrüßt wurde. Wie zu neuem Leben erwacht, dampften von nun an auch die gut besetzten Züge der Schmalspurbahn wieder munter bergan und verscheuchten den scheinbaren Nebelspuk am Brockenmoor.

Gelingt es der Mittagssonne meist, die letzten Nebelschwaden um Drei-Annen-Hohne aufzulösen, so sorgen die Abdampffahnen der Züge zum „Blocksberg" erneut für die sagenhafte und mystische Stimmung rund um das Brockenmassiv. Ein moderner, mit öffentlichen Mitteln geförderter Triebwagenverkehr vermag dies wahrlich nicht! *Foto: Rolf Houben*

Rätselhafter Harz: Entgegen aller Gepflogenheit ist die Hexe vom Besen gestiegen und horcht skeptisch in den Tunnelschlund hinein – was kommt wohl aus diesem schwarzen Loch? *Zeichnung: Hans Tempel*

Ganz ohne Spuk und dennoch wie von Geisterhand bewegt, erwachen auch die Züge der kleinen Harzbahn in Wiehe, sobald man sich ihren Gleisen nähert. Als hätten sie ein geheimnisvolles Losungswort gehört, rollen plötzlich die bunten Fahrzeuge über die Gleise, man hört die Abdampfgeräusche der kleinen Loks und vernimmt ihr Pfeifen und Läuten. Ist das etwa Hexerei im Mini-Harz von Wiehe? Nein, keineswegs. Denn das, was da wie von einem unsichtbaren Geist gesteuert abläuft, ist Resultat durchdachter und ausgefeilter Technik. „Wer`s kann, braucht nicht zu hexen“, meint augenzwinkernd Günther Feuereißen.

Was der gelernte Elektromonteur damit meint, wird schnell klar, wenn man sich die überzeugende Logik des Betriebsablaufs vor Augen führt.

Ohne Magie, dennoch ganz vortrefflich, fing der Anlagenbauer Günther Feuereißen die Atmosphäre im Oberharz ein. 99 6001 bei der Ausfahrt aus einem der vielen Wendekreis-Tunnel. *Foto: Rainer Albrecht*

Am 24.02.1996 setzten die Harzer Schmalspurbahnen GmbH ihren Traditionszug zum Brocken ein. Bernd-Oliver Sydow erwartete bei klirrender Kälte vor Drei-Annen-Hohne den von 99 5901 und 99 6101 geführten „Train".

Weithin hörbar waren die Auspuffschläge der 99 247 im tief verschneiten Oberharz bei Drei-Annen-Hohne, als sie am 30.01.1993 den P 8907 (Wernigerode – Nordhausen) über den „Kamm" brachte. *Foto: Georg Wagner*

Durch das frühlingshafte Thumkuhlental führte die 99 5902 am 24.05.1989 die Wagen des Traditionszuges bergwärts. *Foto: Rolf Houben*

Überall an der Verkleidung der Anlage sind Bewegungsmelder installiert, die bei Annäherung als Impulsgeber fungieren. Kontakte schließen sich, die Gleise im jeweiligen Sichtfeld des Besuchers bekommen Spannung und die Triebfahrzeuge fahren an. Auf den Pendelstrecken Nordhausen – Niedersachswerfen, Drei-Annen-Hohne – Brocken, Alexisbad – Harzgerode und Stiege – Hasselfelde sorgt außerdem je eine Pendelautomatik für die Pendelfahrt der Züge und ihren Aufenthalt an den Endpunkten. Bei den beiden Triebwagen ließ sich diese Pendelautomatik problemlos verwirklichen.
Schwieriger wurde es bei Zügen, die mit Lokomotiven verkehren sollten. Ein Umsetzen der Loks an den Streckenendpunkten schied wegen des unvertretbar hohen Aufwandes aus. Die Tatsache, daß Züge mit Zug- und Schiebeloks stets besonders interessant wirken, brachte Günther Feuereißen schließlich auf die Idee, lokbespannte Züge auf den Pendelstrek-

Mit zahlreichen Sonderfahrten bieten die Harzer Schmalspurbahnen Eisenbahnfreunden und Touristen viel Eisenbahnromantik. Im Herbstlaub des Oktobers 1993 hielt Günter Scheibe einen solchen Sonderzug bei Birkenmoor im Bild fest.

ken Alexisbad – Harzgerode und zum Brocken grundsätzlich mit Zug- und Schiebelok einzusetzen. Unter den Lokomotiven und Triebwagen sitzen spezielle Schaltmagnete, die beim Überfahren von Gleiskontakten an den Streckenendpunkten berührungsfrei Schaltimpulse auslösen, welche die Pendelautomatik in Funktion setzen: Die Fahrzeuge halten und die Fahrspannung wird umgepolt. Die Aufenthaltsdauer kann von 8 Sekunden bis zu 10 Minuten beliebig gewählt werden; danach rollen die Züge zu ihren jeweiligen Ausgangspunkten zurück. Dort beginnt der Vorgang von neuem.

Mit Hilfe von Schalt- und Gleismagneten können sich die Fahrzeuge überdies ihre Weichen selbst stellen. Das ist freilich nur dort erforderlich, wo Weichen regelmäßig auch auf Abzweig befahren werden.

Der Wende-Trick funktioniert hingegen ohne Weichenschaltung über Magnete. Der Vorbildkenner Feuereißen machte sich neben der sprichwörtlichen Stabilität der LGB-Weichen das große Vorbild der Harzquer- und Brockenbahn zunutze, wo seit Jahr und Tag Rückfallweichen für ein problemloses Kreuzen der Züge sorgen. Auch in Wiehe ließ sich dieses Prinzip anwenden: Die Züge fahren über die „auf Abzweig“ gestellte oder „auf gerade“ liegende Weiche in den Kreuzungsbahnhof ein und verlassen ihn wieder, indem sie die Weichenzunge der Ausfahrweiche in die gewünschte Stellung drücken; sie schneiden die Weiche auf. Hat der Zug die Weiche passiert, zieht der Federmechanismus die Zungen wieder in ihre Ausgangslage, die Weichen „fallen zurück“.

Den Wendeschleifen liegt dasselbe Fahrprinzip zugrunde: Alle Züge fahren über den abzweigenden Strang der Weiche in die Schleife ein und verlassen sie über den geraden Strang derselben Weiche wieder, die sie nun allerdings – wie beschrieben – aufschneiden müssen.

Durch ein bis ins letzte Detail ausgeklügeltes System aus Schaltmagneten, ferngesteuerten Weichen, Rückfallweichen und planmäßigen Zugfahrten hielt sich der elektrische und elektromagnetische Aufwand für den automatischen Betrieb auf den beiden G-Anlagen in vertretbaren Grenzen. Wer allerdings glaubt, man käme in Wiehe mit einer Sparversion aus, den dürften die folgenden Zahlen vom Gegenteil überzeugen:

Insgesamt sorgen 16 Fahrtransformatoren und ein Steuerungstransformator für die nötige Spannung. Sieben Pendelzug-Schaltungen und vier Aufenthaltsschalter bewirken ein stets lebendiges, geschäftiges Hin und Her auf den Strecken- und Rangiergleisen. Rund 8000 Meter Kabel wurden verlegt. Die Kabellängen und die mit ihnen verbundenen Spannungsabfälle zwischen den Transformatoren und den Gleisanlagen erforderten relativ große Drahtquerschnitte von 1,5 mm^2 Kupferdraht. 39 Dioden und 56 Schutzrohrkontakte vervollständigen das elektrische System der Harzquer-, Brocken- und Selketalbahn in Wiehe. Ein Lüfter im Schaltraum sichert, daß die Temperaturen unter den geforderten Grenzwerten bleiben.

Seit der feierlichen Inbetriebnahme der Modell-Harzbahnen in Wiehe am 7. November 1997 beweist das Riesenprojekt seine dauerhafte Betriebstauglichkeit.

Die kleinen Lokomotiven und Wagen bewältigen täglich Höchstleistungen, mit denen sie – maßstäblich gesehen – ihren großen Schwestern zwischen Selketal und Brokken kaum nachstehen dürften.

Doppelkorn und Kommißbrot

Betreten die Besucher der großen Modellbahn-Schau in Wiehe die Ausstellungshalle mit den beiden Harzbahn-Anlagen durch den vorderen Zugang, so fällt ihr Blick zunächst auf die Gleise des Schmalspurbahnhofes Nordhausen-Nord. Er liegt einer Häuserreihe gegenüber, die dem Original mit täuschender Ähnlichkeit nachempfunden wurde. Doch nicht nur Schmalspurbahnhof und Gebäude ziehen die Aufmerksamkeit auf sich, denn auch die Straßenbahn begeistert die Besucher. Als echte Oldtimer-Bahn erinnert sie ein wenig an das alte Nordhausen.

Aufmerksam beobachten Lokführer, Heizer und Fahrgäste die Strecke. Bernd-Oliver Sydow fotografierte am 11.11.1995 im Kälberbruch die 99 7222 vor der „Fuhre" nach Nordhausen.

Ausfahrt eines Personenzuges nach Hasselfelde aus dem Endbahnhof Nordhausen Nord im Mai 1990. Gartenbahner warten heute noch sehnsüchtig auf ein Modell dieser imposanten Lokbaureihe! *Foto: Günter Scheibe*

In Wiehe mußte das Bahnhofsumfeld Nordhausen Nord leider spiegelbildlich nachgestaltet werden. Trotzdem scheut das Resultat nicht den Vergleich mit dem Original. Nordhäuser Besucher der Anlage nahmen auch keinen Anstoß daran, ihre Stadt neben einer Kuhweide wiederzufinden. Den gelungenen Kompromiß zum Vorbild fotografierte Rainer Albrecht.

Unweit des Bahnhofs Nordhausen Nord der Harzer Schmalspurbahnen besteht Anschluß an das Fernbahn- und Straßenbahnnetz. Am 21.04.1990 wartete ein Triebwagen der Linie 1 auf Fahrgäste zur Oberstadt. *Foto: Wolfgang Herdam*

Die beiden Triebwagen, auch sie entstammen dem LGB-Programm, rollen mit ihren Beiwagen durch eine Stadt, die bereits zu Thüringen gehört. In der Ausweichstelle vor dem Bahnhof begegnen sie sich in regelmäßigen Abständen. Nur ganz aufmerksamen Beobachtern fällt auf, daß die eingleisige Strecke nicht hinter, sondern – Tarnung ist alles – im Inneren (!) der Häuserfront verläuft.

Im Bahnhof gegenüber wartet inzwischen der Personenzug nach Wernigerode. Irgendwie ist heute ein besonderer Tag, denn an der Spitze des Zuges aus zwei Personen- und einem Reisezugwagen steht die grün-schwarze 1'C1'-Lok der alten Nordhausen-Wernigeroder Eisenbahn. Die heutige Bahnverwaltung führt sie auf Wunsch der Eisenbahnfreunde wieder unter ihrer Reichsbahn-Betriebsnummer 99 6001 in schwarzer Lackierung. Lediglich eine Haltevorrichtung für das Schild „21“ an der Rauchkammertür erinnert heute an die Zeit der Lok als „Laubfrosch“.

Am Ortsausgang von Niedersachswerfen beobachtete Rainer Albrecht durch einen Torbogen die 99 6001 auf ihrem Weg nach Nordhausen.

Auch der jüngst mit Triebwagen eingeführte Nahverkehr zwischen Nordhausen Nord und Ilfeld fand in Wiehe Berücksichtigung: Auf der Anlage pendelt der Tw 41 zwischen Niedersachswerfen und Nordhausen. *Foto: Rainer Albrecht*

Von der Eisfelder Talmühle kommend, rollt die 99 6001 bimmelnd und pfeifend über einen Bahnübergang bei Ilfeld. Ob die „Schwarzen" auf der Lok den Gruß vom Wegesrand bemerkt haben? *Foto: Rainer Albrecht*

Ein beliebtes Fotomotiv für die Eisenbahnfreunde ist der Laubwald bei Netzkater. Am 10.10.1995 war Bernd-Oliver Sydow vor Ort und fotografierte den P 8903 vor der noch nicht ganz perfekten „Roten Wand".

Nur kurze Zeit lief die 99 6001 in ihrer ursprünglichen NWE-Farbgebung, dann wurde sie auf Wunsch der Eisenbahnfreunde wieder schwarz lackiert. Im März 1992 begegnete Günter Scheibe der Lok im Birkenwald in Sternhaus-Ramberg.

Die Aufsicht mit der roten Mütze erscheint. Dem Pfiff mit der Trillerpfeife folgt die erhobene Signalkelle. Langsam setzt sich unser Zug in Bewegung. In Fahrtrichtung links sehen wir noch den großen Wasserturm. Er ist ein echtes Wahrzeichen dieser Stadt, die auch wegen ihres Doppelkorns, zumindest bei Kennern solcher Getränke, einen guten Ruf besitzt. Ob die Flaschen mit dem edlen Inhalt in dem zweiachsigen Kühlwagen mit der Aufschrift „Seefische“ transportiert werden, den die kleine Schmalspur-Diesellok auf dem Nachbargleis hin und her rangiert?

Die Spätsommer-Sonne taucht das weite, flache Land in ein warmes, freundliches Licht. Auf den Feldern steht die Getreideernte vor ihrem Abschluß. Die gehockten Garben warten darauf, alsbald eingefahren zu werden. In Niedersachswerfen-Ost begegnen wir einem kleinen, zweiachsigen Triebwagen. Mit tuckerndem Motor wartet er auf dem Nachbargleis auf die Zeit seiner Rückfahrt nach Nordhausen. Die *Bahnverwaltung* hat das originelle Fahrzeug bei einer Nürnberger Firma erworben, um die „Vorortpendler“ auf die Schiene zurückzuholen.

Neben dem Wohnhaus an der Bahnhofseinfahrt steht ein hölzernes „Örtchen“. Verstohlen beobachtet der Mann darin durch die leicht geöffnete Tür das Geschehen auf den Gleisen. Der rege Zugbetrieb scheint ihn so zu fesseln, daß er wohl vergessen hat, was er eigentlich wollte, denn er sitzt immer noch dort...

Unsere Reise geht weiter. Vorbei an einem mittelalterlich wirkenden Torturm, überqueren wir die Straße nach Ilfeld. Bald darauf rollen wir über einen Dreibogen-Viadukt. Der Behre-Brücke bei Ilfeld nachempfunden, erinnert das Bauwerk daran, daß wir uns bereits im Südharz befinden. Kurz darauf erreicht unser Zug die Station Eisfelder Talmühle. Wir steigen aus und sehen uns ein wenig um.

Im Bahnhof herrscht reges Treiben. Auf dem Nachbargleis wartet ein Güterzug mit der vierachsigen Tenderlok 99 4633, vier Schotterwagen und einem kurzen, zweiachsigen Packwagen. Dieser Zug wird gleich nach Nordhausen-Nord weiterdampfen, denn nach unserer Ankunft ist die Strecke dorthin wieder frei. Wir begeben uns derweil hinüber zum Gleis vier, das eigentlich schon zum Netz der Selketalbahn gehört. Am Gleis vier soll unsere Tour hinauf auf die Hochebene des Harzes beginnen.

Der nach Stiege bereitstehende Zug erscheint uns nicht alltäglich: An seiner Spitze steht eine Dampflok-Rarität. Welches Schicksal mag den altertümlichen C-Kuppler mit der Nummer 51 hierher verschlagen haben? Da kommt uns die kleine, dicke Schiebelok am Schluß des Zwei-Wagen-Zuges schon wesentlich bekannter vor. Es ist die 99 5001, die vom Bahnbetriebswerk Wernigerode-Westerntor zum Dienst auf der Selketalbahn beordert wurde.

Nachdem die Züge in Richtung Wernigerode und Nordhausen den Bahnhof verlassen haben, beginnt auch unsere Fahrt. Sie führt, immer steil bergan, zunächst an einem Schotterwerk vorbei. Eine dreiachsige Diesellok stellt gerade zwei Spezialwagen des Schotterwerks Silberhütte bereit. Weiter oben ist eine Steinbruch-Bahn mit Schöma-Diesellok und Kipploren unterwegs, um den ewig hungrigen Brecher des Schotterwerks mit neuer Nahrung zu versorgen.

Panorama der Bahnhofsausfahrt Nordhausen Nord. Die zweiachsige Diesellok wird den geheimnisvollen „Seefisch"-Wagen gleich in das Anschlußgleis drücken. *Foto: Rainer Albrecht*

Schotter gehört zu den wichtigsten Transportgütern der Harzer Schmalspurbahnen, und so wurde auch der Steinbruch in Unterberg in die Anlagenplanung einbezogen. Das emsige Treiben bei der Verladung fotografierte Rainer Albrecht.

Im sommerlichen Bahnhof Stiege angekommen, begeben sich die beiden Damen sogleich auf den Weg zum nahe gelegenen Badeteich, während Lokführer und Heizer weiter schwitzen müssen. *Foto: Rainer Albrecht*

Der Betriebskontrolleur Paul läßt sich zum Bahnhof Hasselfelde fahren, um den Eingaben der örtlichen Bevölkerung nachzugehen... *Foto: Rainer Albrecht*

Über eine Kehrschleife dampft unser Zug nach Birkenmoor hinauf. Dort liegt der Scheitelpunkt der Strecke. Da an dem Bedarfshalt heute niemand ein- oder aussteigen möchte, rollt unser Zug seiner Endstation Stiege entgegen. Neben uns sehen wir die Strecke, die von Stiege aus nach Alexisbad hinab führt. Wir bemerken gerade noch den Güterzug mit der schweren Mallet-Lokomotive 99 201, der dem Selketal entgegenrollt.

Im Bahnhof Stiege erwartet uns eine angenehme Entscheidung: Entweder wir fahren von hier aus mit dem Zug nach Alexisbad oder wir leisten uns einen Abstecher per Triebwagen nach Hasselfelde. Letzteres erscheint uns zunächst interessanter. Bei dem kleinen Triebwagen handelt es sich um denselben Fahrzeugtyp wie in Niedersachswerfen. Gemächlich dieselt er, zumeist ohne Fahrgäste, vorbei an der Wendeschleife von Stiege durch die weiten Wiesen.

...und in der Tat, das leerstehende Empfangsgebäude wird dem guten Ruf der Bahngesellschaft nicht gerecht und lediglich von nächtlichen Sprayern aufgesucht. Ohne Fahrgäste wird der 187 011 nach Stiege zurückkehren. *Foto: Wolfgang Herdam*

Hier oben, so berichtet uns der Schaffner, ist der Sonnenuntergang ein ganz besonderes Erlebnis, und bis zu dem Triebwageneinsatz kamen Eisenbahnfreunde aus aller Welt, um die Silhouette der Dampfzüge zu fotografieren.
Der Endbahnhof Hasselfelde besitzt nur sieben Weichen. Immerhin kann der Triebwagen in dem kleinen Lokschuppen übernachten. Ansonsten vermittelt die Szenerie einen verlassenen Eindruck. Einsam wartet der Triebwagen auf die Rückfahrt. Wegen seiner äußeren Form bekam er einen Spitznamen verpaßt: Die Eisenbahner nennen ihn Kommißbrot.

Die Windböen eines kräftigen Sturmtiefes im März 1995 treiben die Abdampffahne der 99 7236, die mit dem P 8977 zwischen Hasselfelde und Stiege unterwegs ist, vor dem Zug her. *Foto: Wolfgang Herdam*

Am Ende der Anfang

Nach unserer Rückkunft aus Hasselfelde steigen wir in Stiege in den Personenzug nach Gernrode um. Unser neues Ziel heißt Alexisbad, denn dort erwartet uns ein besonderes Ereignis. Unser Zug steht zwar schon bereit, doch offensichtlich in der falschen Fahrtrichtung. Das freundliche „Rotkäppchen“, die Aufsicht, sorgt für Klarheit: „Der Zug muß noch durch die Schleife!“ Ach so ...

Weil nur wenige Reisende die Verbindung in den Ostharz nutzen, genügen die beiden KB4i-Wagen mit den offenen Plattformen vollauf. Die Lokomotive 99 4712 erinnert entfernt an die bekannten Mallet-Loks der Harzbahnen. Doch weicht deren Bauart von unserer Zuglok nun doch erheblich ab. Zwar gab es einmal zwei Lokomotiven im Harz, die unserer 4712 recht ähnlich sahen, doch stammten sie aus Frankreich. Die beiden, sie hießen 99 5631 und 99 5632, hatte es von der Hildburghausen-Heldburger Eisenbahn in den Harz verschlagen.

Nach der Zuteilung von weiterem Baumaterial kann die Renovierung des ausgedienten Bahngebäudes zügig voranschreiten. *Foto: Rainer Albrecht*

Im Sommer ein beliebtes Ausflugsziel für Badelustige, lag der kleine Selkestausee am 23.11.1994 einsam und verlassen da. Auch kein Wanderer vernahm die Pfiffe der 99 7239, bevor sie mit dem P 8963 den Übergang passierte. Foto: Wolfgang Herdam

Üblicherweise fahren die Dampfloks auf der Selketalbahn Tender voran in Richtung Gernrode. Eine seltene Ausnahme erwischte Georg Wagner am 02.02.1991 in Straßberg, als die 99 7233 mit einem Sonderzug die Strecke befuhr.

Zugpferde im Selketal: Während das eine genüßlich grast, muß sich das andere seinen „Hafer“ erst noch verdienen. Die Aufnahme entstand im August 1988 zwischen Alexisbad und Silberhütte. *Foto: Günter Scheibe*

Kleines Malheur am Rande: Ein Barkas B 1000 aus Sachsen ist „vom rechten Weg abgekommen." Vorsichtig passiert der Mallet-Bulle aus dem Schwarzwald die von den „Weißen Mäusen" der Verkehrspolizei straßenseitig gesicherte Unfallstelle.

Foto: Rainer Albrecht

Am 26.02.1996 besuchte Bernd-Oliver Sydow den Bahnhof Alexisbad und entdeckte diese außergewöhnliche Spiegelung der 99 6001.

Der rauhe Gebirgsbetrieb war jedoch einfach zuviel für die Französinnen; so plötzlich, wie sie gekommen waren, verschwanden sie dann auch wieder.
99 4712 hingegen stammt aus Österreich. Irgendwann in ihrem langen Leben verschlug es die Lok auf die 750 Millimeter-Gleise der einstigen Prignitzer Kreiskleinbahnen in der Reichsbahndirektion Schwerin.
Wie sie allerdings von dort aus auf das Meterspur-Netz der Selketalbahn gelangte, bleibt das Geheimnis der LGB-Ingenieure. Na, macht nichts; als gebürtige Österreicherin ist die Lok Berge durchaus gewöhnt und leistet auch im Harz ganz sicher recht gute Dienste.
Die Strecke nach Alexisbad verläuft ziemlich krümmungsreich und hält landschaftlich allerhand Überraschungen bereit. Als wir dort eintreffen, trauen wir zunächst kaum unseren Augen: Zug- und Schiebelok des Personenzuges von und nach Harzgerode auf dem Nachbargleis sehen genauso aus, wie unsere 99 4712. Qualität setzt sich eben durch.

Der ersten Überraschung folgt eine zweite. Aus Richtung Gernrode läuft ein Güterzug in Alexisbad ein. Die Lokomotive erregt sofort unser Interesse. Es ist die 99 201, der wir schon kurz vor Stiege begegnet waren. Nun finden wir endlich Zeit, das schwarze Kraftpaket näher zu studieren. Die sechsachsige Mallet-Maschine präsentiert sich als derzeit größte und stärkste Lok auf dem Harzbahn-Netz in Wiehe. Das Vorbild wurde 1917 bei Henschel in Kassel gebaut und lief bis 1934 auf der meterspurigen, einst königlich bayerischen Lokalbahn von Eichstätt nach Kinding. Bis 1967 war eine fast baugleiche Maschine mit der Nummer 104 auf der südbadischen Meterspurstrecke Zell – Todtnau als letzte Lok ihrer Art im planmäßigen Einsatz. Auf der schweizerischen Museumseisenbahn Blonay – Chamby fand sie ein neues Zuhause.

Am 03.10.1996 bespannte die 99 7246 den P 8951. Der windstille Herbsttag erlaubte die Spiegelung der Bergfahrt im Teich kurz vor Harzgerode. Foto: Wolfgang Herdam

Ohne Zwischenhalt durchfuhr die 99 7243 den Bedarfshaltepunkt Sternhaus-Haferfeld und erlöste an einem Frühjahrsmorgen den auf morastigem Untergrund hin und her stapfenden Eisenbahnfotografen Günter Scheibe.

Im September 1995 war die Wiese bei Sternhaus-Haferfeld schon wesentlich trittfester, so daß Günter Scheibe die Vorbeifahrt des qualmenden T 3 in aller Ruhe abwarten konnte.

Am 27.03.1989 mußte sich die 99 5906 als Zuglok des GmP 69717, einem Güterzug mit Personenbeförderung, vor Harzgerode mit einem Ikarus 260 messen, der ebenfalls auf Bergfahrt nach Harzgerode war. Foto: Bernd-Oliver Sydow

Schon 1909 beschaffte auch die NWE zwei derart große Maschinen, die als sechsachsige Mallet-Loks mit der 99 201 vieles gemein hatten. Weil sie sich aber als zu schwer erwiesen, verkaufte man sie wieder. Auch wenn die 99 201 eigentlich nach Bayern gehört, so hält sie doch die Erinnerung an die Frühzeit der Harzquer- und Brockenbahn wach. Und weil wir von der wuchtigen Lok echt beeindruckt sind, drücken wir gern wieder ein Auge zu.

Natürlich ist eine so große Lokomotive auch auf der Schmalspurbahn ein recht gefräßiges Stahltier. Deutlich hören wir, wie der fleißige Heizer seine Maschine Schippe für Schippe mit nahrhafter Steinkohle füttert. Wer arbeiten soll, muß halt vorher gut essen; immerhin hat die 99 201 gleich drei vierachsige Güterwagen am Haken.

Unsere Betrachtungen werden jäh unterbrochen, als mit scharfem Bremsen ein VW-Käfer an der Bahnhofsausfahrt hält. Der Fahrer springt heraus und bringt ein Stativ samt Kamera in Stellung.

Glück hatte am 03.08.1985 Gerhard Bank, als ihm die nur selten im regulären Reisezugdienst eingesetzte 99 6102 vor Alexisbad „in die Kamera" fuhr.

Die Parallelausfahrt zweier Dampfloks in Alexisbad lockte Eisenbahnfreunde aus aller Welt in den Harz, so auch einen Engländer mit seinem Käfer... *Foto: Rainer Albrecht*

Ach ja, gleich beginnt wieder das Schauspiel von Alexisbad. Beteiligt sind diesmal gleich drei Lokomotiven: 99 201 mit ihrem Güterzug nach Stiege und die beiden Loks vorn und hinten am Zug nach Harzgerode.

So steht am Ende unserer Geschichte ihr eigentlicher Anfang: die berühmte Doppelausfahrt von Alexisbad, das wohl spektakulärste Ereignis auf den Gleisen der Selketalbahn. Beim großen Vorbild findet dieses Ereignis inzwischen leider planmäßig nicht mehr statt, doch in Wiehe können Sie es noch so oft erleben, wie Sie's möchten. Und vielleicht begegnen Sie, lieber Leser, dort sogar *unserem* Engländer; aber bitte nicht ansprechen – Sie wissen ja: „Please, don't disturb!"

Auf liebevolle, detailreiche Weise wurde eine 380 m^2 große Halle in Wiehe ganz dem Harz gewidmet. Hier gibt es soviel zu erleben, daß man es in einem Buch allein nicht erfassen kann. Oder hören Sie es zwischen diesen beiden Buchdeckeln dampfen, pfeifen oder bimmeln...? *Foto: Rainer Albrecht*

Der Steckbrief des Modells „Harzquer- und Brockenbahn/Selketalbahn“ in Wiehe

Hallengröße: 40,00 x 9,50 m / 380,00 m^2

Anlagengröße: 36,84 x 9,50 m / 349,98 m^2

Maßstab/Nenngröße: 1 : 22,5 / IIm (G)

Unterbau:
355 m^2 Tischlerplatten
5 m^2 Sperrholz
4000 m Dachlatten
15.000 Schrauben

Gleislänge:
374 Meter
81 Weichen
3 Kreuzungen
1 Drehscheibe

Betrieb:
25 Zugbewegungen mit
- 19 Lokomotiven
- 2 Triebwagen
- 1 Gleisbaumaschine
- 1 Draisine
- 2 Straßenbahnzügen
- 24 Personenwagen
- 5 Packwagen
- 27 Güterwagen

Elektrotechnik:
16 Transformatoren
1 Steuerungstransformator
3 Beleuchtungstransformatoren
21 Relais
4 Aufenthaltsschalter
7 Pendelzugschaltungen
39 Dioden
3 Wegsicherungsanlagen
56 Schutzrohrkontakte
8000 Meter Kabel

Geländebau:
300 m^2 Dekofließ
60 Flaschen Bauschaum
400 kg Spachtelmasse
48 kg Dispersionsfarbe
0,5 m^3 Steinschotter
0,5 m^3 Grasfaser
2000 Bäume
5 kg Islandmoos

Gebäude:
30 maßstäbliche Nachbauten des Vorbildes
15 teilweise stark veränderte Modellbausätze

Finale auf der Naturbühne Harz: Kein Beleuchter hätte den P 8975 in Hasselfelde besser in Szene setzen können als die Abendsonne des 16.01.1995. Die wegen eines Drehscheibendefektes in Nordhausen mit dem Schlot voranfahrende 99 247 und der ebenso seltene, freie Blick auf das Brockenmassiv entschädigten für das Warten in eisiger Kälte. Foto: Wolfgang Herdam

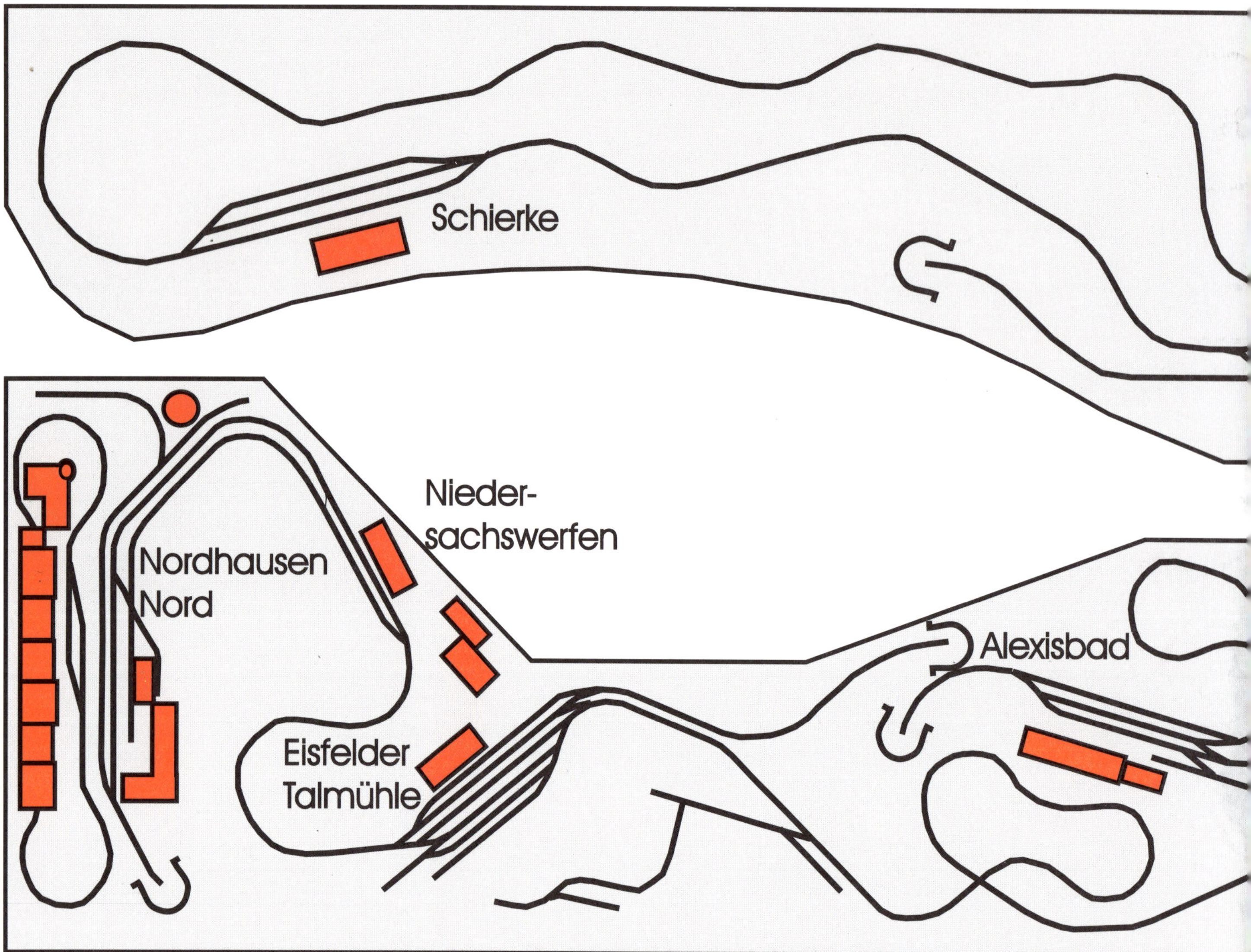
Schierke
Nieder-
sachswerfen
Nordhausen
Nord
Alexisbad
Eisfelder
Talmühle